献给图书馆员们，
感谢你们为培养新读者筑起的完美之"巢"。

本书插图系原文插图

WHAT'S INSIDE A BIRD'S NEST
Copyright © 2024 by Rachel Ignotofsky
This translation published by arrangement with Random House Children's Books,
a division of Penguin Random House LLC
Simplified Chinese translation copyright @ 2024 by Beijing Dandelion Children's Book House Co., Ltd.
ALL RIGHTS RESERVED

版权合同登记号 图字：22-2024-024

审图号 GS京（2024）0411号

图书在版编目（CIP）数据

巢的里面有什么？/（美）瑞秋·伊格诺托夫斯基著；
周杰译. — 贵阳：贵州人民出版社，2024.7. — ISBN
978-7-221-18409-2

Ⅰ.Q959.7-49；Q958.1-49

中国国家版本馆CIP数据核字第202465L01L号

CHAO DE LIMIAN YOU SHENME?
巢的里面有什么？
[美]瑞秋·伊格诺托夫斯基 著 周杰 译

| 出版人 | 朱文迅 | 策划 | 蒲公英童书馆 | 责任编辑 | 颜小鹏 | 执行编辑 | 崔珈瑜 | 装帧设计 | 王艳霞 | 责任印制 | 郑海鸥 |

出版发行　贵州出版集团　贵州人民出版社　地址　贵阳市观山湖区中天会展城东路SOHO公寓A座（010-85805785 编辑部）
印刷　北京博海升彩色印刷有限公司（010-60594509）
版次　2024年7月第1版　印次　2024年7月第1次印刷
开本　965毫米×1150毫米 1/16　印张　3　字数　30千字　书号　ISBN 978-7-221-18409-2
定价　48.00元

如发现图书印装质量问题，请与印刷厂联系调换；版权所有，翻版必究；未经许可，不得转载；质量监督电话　010-85805785-8015

巢的里面有什么?

[美]瑞秋·伊格诺托夫斯基 著 周杰 译

贵州出版集团　贵州人民出版社

叽叽!叽叽!叽叽!

仿佛全世界的雏鸟,
都在急切地等着吃早餐!

黄胸织布鸟 亚洲

橙腹拟鹂 北美洲

红额金翅雀 欧洲

亲鸟都在忙着为自己的宝宝找吃的!

它们在云端翱翔,

哇!

安第斯兀鹫

在林间穿梭,

虹彩吸蜜鹦鹉

潜入海中,

巴布亚企鹅

许多鸟类会建一个巢作为它们的家。亲鸟会把好吃的带回家喂给雏鸟。

鸟蛋是怎样孵化成鸟的？　　　为什么鸟类很重要？　　　巢的里面有什么？

蛋

巢

科学会帮助我们回答这些问题！

下蛋之前，
鸟儿先要找个配偶。

先从求偶开始。

东蓝鸲（qú）

鸟类会通过叫声来交流。

一阵阵的鸟鸣让春天显得更加生机勃勃。

唱歌只是鸟类寻找配偶的方式之一。

有些鸟通过跳舞来吸引配偶。

有些鸟因绚丽的外表而闻名。

还有许多鸟会赠送礼物来打动对方。

也有一类鸟会为了求偶专门搭建一座充满艺术感的巢穴。

有些鸟的巢非常小。

有些鸟的巢仅仅是简单的沙坑或者泥堆。

筑好了巢,雌鸟就开始下蛋了。

鸟会坐在自己的蛋上,
为它们提供合适的温度,
这个过程叫作孵化。

蛋

蛋在恒温条件下才能正常孵化,而鸟巢就像一件舒适的毛衣。

蛋的里面有什么？

蛋是从一个细胞发育而来的。

受精的蛋里有一个胚胎。胚胎是鸟还未孵化时的早期形态。

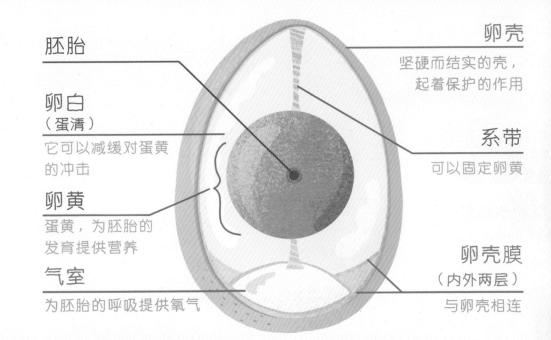

- 胚胎
- 卵白（蛋清）：它可以减缓对蛋黄的冲击
- 卵黄：蛋黄，为胚胎的发育提供营养
- 气室：为胚胎的呼吸提供氧气
- 卵壳：坚硬而结实的壳，起着保护的作用
- 系带：可以固定卵黄
- 卵壳膜（内外两层）：与卵壳相连

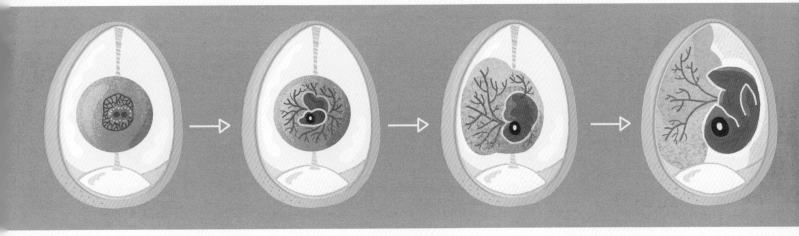

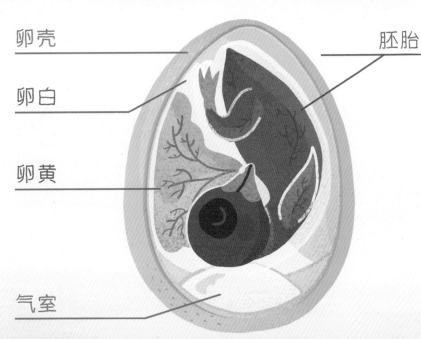

- 卵壳
- 卵白
- 卵黄
- 气室
- 胚胎

细胞不断分裂、增多，形成身体的不同部分。

最终，胚胎发育成了一只鸟。

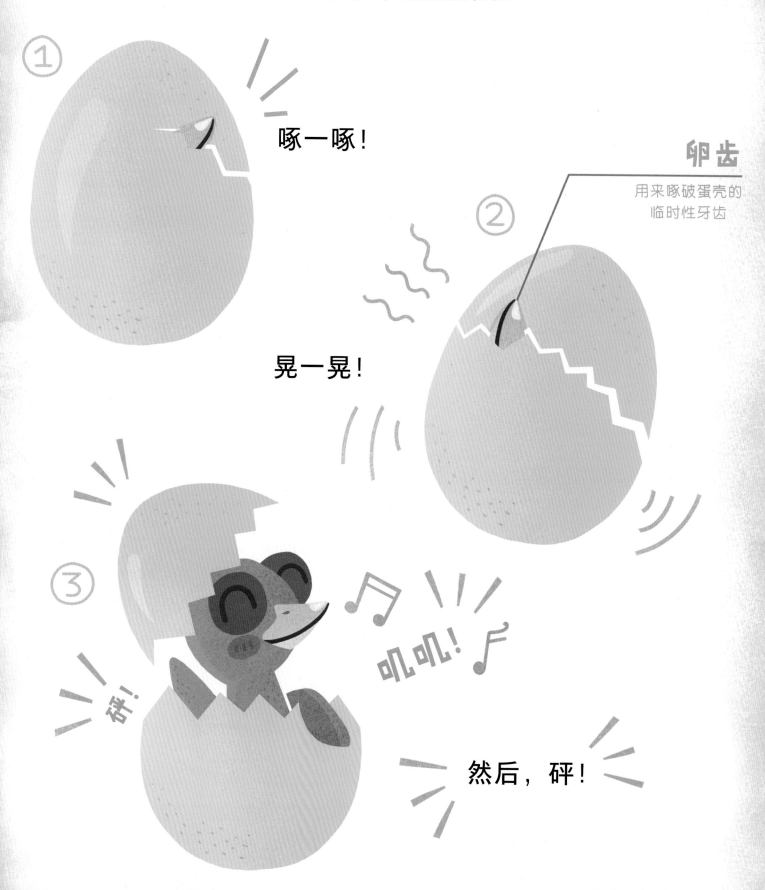

许多鸟刚出生时眼睛睁不开,身上也没有毛,只会叫个不停!

刚出壳的鸟叫新生雏鸟。

鸟类的成长速度并不相同。

大多数把巢建在树上的鸟，出壳后完全依赖亲鸟照顾。

↗红尾鵟(kuáng)

这种孵化后逐渐发育成熟的鸟叫作**晚成雏**。

↗北美红雀

大多数在地面筑巢的鸟，出壳后就长着浓密的绒毛，并且能够自己走路。

这种孵化时发育更成熟，能独立活动的鸟叫作**早成雏**。

↗雪鸻

↗黑嘴天鹅

有些鸟甚至在破壳而出时就能游泳和捕食了。

新生雏鸟们渐渐长出羽毛，睁开眼睛。

它们现在属于留巢雏鸟。

① 新生雏鸟

② 留巢雏鸟

③ 离巢幼鸟

经过持续地喂养，
鸟宝宝变得越来越大，
越来越强壮。

当准备好离巢时，
它们就是离巢幼鸟了。

幼鸟通过跳跃和扑棱翅膀来练习飞行。

离巢幼鸟

不久后,
它们就要离巢
开始独自飞行了。

它们现在是**亚成鸟**了。

亚成鸟

有些亚成鸟还会继续由亲鸟喂养。

它们一边学习捕食，一边长出亲鸟那样色彩鲜明的羽毛，旧的羽毛会脱落。这个过程叫作换羽。

成鸟

完全成年的鸟儿准备翱翔天空，去探索这个世界了！

换掉的羽毛

羽毛

现在的动物中只有鸟类长有羽毛。羽毛形态特殊，可以帮助鸟类飞翔。

羽毛上的细丝像拉链一样相互勾连，这样能让羽毛表面变得平滑，适合飞行！

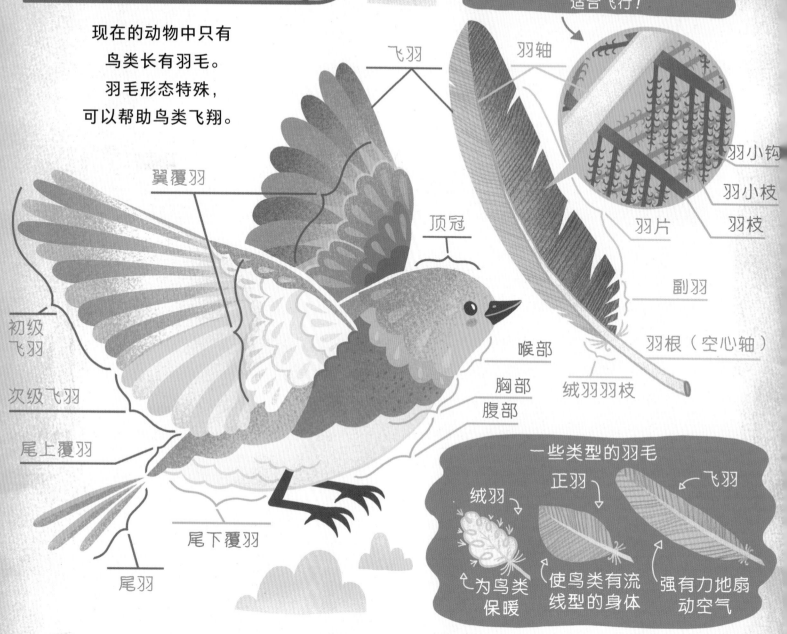

鸟类通过不断地梳理羽毛来保持清洁。

鸟类用喙整理羽毛，让它们保持平整，远离寄生虫！

鸟类互相帮忙清理那些自己很难够得着的地方。

喳喳！

有些鸟在水里洗澡。

有些鸟在沙子或者土里洗。

尾脂腺

还有些鸟长有尾脂腺，可以分泌特殊的油脂，这些油脂既能用来整理羽毛，又能提高羽毛的防水性。

鸟类身体结构

鸟类的身体结构适合飞行。

- 头骨
- 两只翅膀
- 喙（现存的鸟类都没有牙齿）
- 叉骨
- 肋骨
- 龙骨突
- 两条腿
- 脊柱
- 髋骨
- 膝关节
- 踝关节
- 脚

中空的骨头

蜂窝状结构保证了骨骼强度

大的腔隙

鸟类的骨头是中空的，所以比较轻。

鸟类有不同形态的喙、脚和翅！

永木头的喙　撕肉的喙

过滤水的喙

啄开种子的喙

抓握树枝的脚　游泳的脚

适合滑翔的翅　适合高空翱翔的翅

捕猎的脚　奔跑的脚

能灵活转弯的翅　适合疾飞的翅

企鹅

几维鸟　鸵鸟

所有的鸟都有翅膀，但是有些鸟飞不起来。

鸟类是大自然的园丁。

当鸟儿在植物上津津有味地享受美食时,它们会使种子掉落在地上。

像松鼠会藏坚果一样,有些鸟会把种子藏起来留着以后吃。

掉落或被遗忘的种子会在土壤中发芽!

鸟类会捕食吃农作物的昆虫。

它们是大自然中的虫害防治专家。

吃东西就会排便，鸟类拉得很多！

鸟类的粪便是一种营养丰富的肥料。

鸟粪让土壤变得肥沃，
植物就能长得更好了。

鸟粪中通常有未消化的种子。
"吧嗒"一声，种子就被种下了！

鸟类迁徙

季节的变化引发了地球上大规模的动物迁移活动，称为迁徙。
冬季的天气变化意味着食物的减少。有些鸟飞得很远，
只为了寻找温暖的环境和充足的食物。

迁徙示例

① 北极燕鸥

② 雪雁

③ 红喉北蜂鸟

④ 云雀

⑤ 白鹤

⑥ 青脚鹬

约有40%的鸟类会迁徙！

鸟类怎么知道每年该去什么地方呢?

它们会利用太阳、月亮和其他天体来判断方向。

加拿大雁

鸟类有神奇的感官,能分辨南极和北极的方位,像指南针一样。

秋天,天气变凉,候鸟就该飞往温暖的南方了。

该飞去南方了!

发抖! 呜! 哆嗦!

该飞回北方了!

春天,天气变暖,候鸟就该飞回北方了。

每年，许多鸟会返回它们的出生地筑巢并产卵。

① 成鸟求偶，寻找伴侣。

② 筑巢，为下蛋做准备。

留巢雏鸟

离巢幼鸟

拍打

跳跃

⑤

⑥

幼鸟长出羽毛，开始练习飞行。

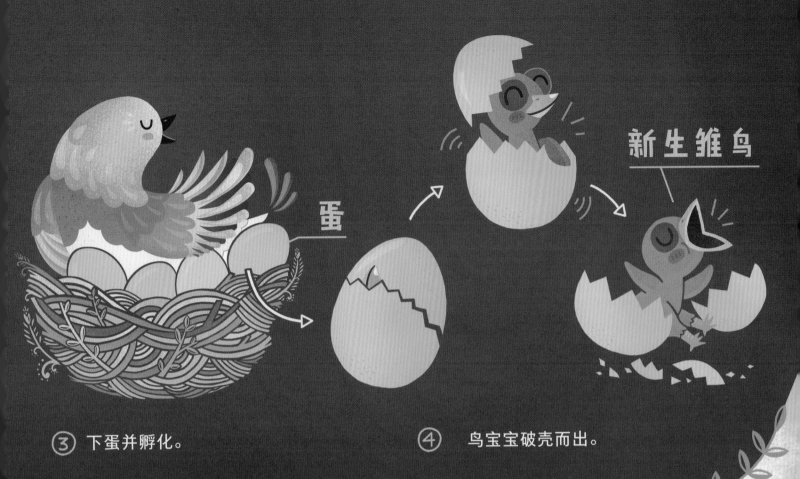

③ 下蛋并孵化。

④ 鸟宝宝破壳而出。

⑦ 它们开始了第一次试飞。

⑧ 成年后,它们就准备寻找伴侣了。

生命的循环还在继续。

我们已经了解了巢的里面有什么，
以及为什么鸟类很重要。

鸟类帮助
大自然保持平衡。

鸟类帮助
植物传播种子。

鸟类通过排便，
将一部分营养物质返还给
陆地和海洋。

有些鸟是关键种，
其他野生动物依赖它们来生存。

有些鸟是传粉者。

它们吃花蜜时会传播花粉，
帮助植物形成更多的种子。

就像鸟类呵护它们的蛋一样，我们也要保护鸟类。
有很多方法可以帮助它们！

保护地球,从更多地了解地球开始!

你会怎样探索这个世界?

地球上充满了奇迹和未解之谜!

就像离开巢的饥饿幼鸟一样,
你将不断满足自己的好奇心,
不断成长并学到更多的东西!

叽叽!